看图轻松学养羊

周玉香　主编

化学工业出版社

·北京·

内容提要

本书主要包括羊主要产品、养羊设备、羊的选种选配、羊的繁殖配种、羔羊饲养管理、羊的生产管理六章内容。编者在长期教学和生产实践中，积累了大量的图片资料。本书是通过这些图片资料结合文字描述，以全彩图解的形式，较为系统地阐述了羊的饲养和管理等实用技术。

本书适合基层科技人员、养羊场（户）的饲养管理人员和高等农业院校相关专业的师生阅读参考。

图书在版编目（CIP）数据

看图轻松学养羊/周玉香主编. —北京：化学工业出版社，2020.10
ISBN 978-7-122-37340-3

Ⅰ．①看… Ⅱ．①周… Ⅲ．①羊-饲养管理-图解
Ⅳ．①S826-64

中国版本图书馆 CIP 数据核字（2020）第 118600 号

责任编辑：张林爽　　　　　　　装帧设计：关　飞
责任校对：张雨彤

出版发行：化学工业出版社（北京市东城区青年湖南街 13 号　邮政编码 100011）
印　　装：北京宝隆世纪印刷有限公司
787mm×1092mm　1/32　印张 4½　字数 73 千字
2020 年 11 月北京第 1 版第 1 次印刷

购书咨询：010-64518888　　售后服务：010-64518899
网　　址：http://www.cip.com.cn
凡购买本书，如有缺损质量问题，本社销售中心负责调换。

定　　价：39.00 元　　　　　　　　　版权所有　违者必究

本书编写人员

主　　编　周玉香（宁夏大学农学院）
副主编　金亚东（宁夏大学农学院）
参　　编　刘文茂（宁夏中宁文茂生态饲料有限公司）
　　　　　李作明（宁夏鲁宁小尾寒羊种羊场）
　　　　　蔡小艳（宁夏大学农学院）
　　　　　田玉富（宁夏鲁宁小尾寒羊种羊场）
　　　　　姜碧薇（宁夏职业技术学院）

前　言

　　掌握羊的生产管理技术是健康高效养羊的基础。加强羊只饲养管理，提高养殖技术水平，是发展养羊业的重要措施。本书采用大量图片结合文字，对养羊生产和管理要点进行阐述，目的是便于养羊工作者和养羊场（户）比较直观地进行学习。

　　本书编者近年来一直从事《羊生产学》的教学、科研与生产服务工作，对羊的生产管理、实验操作技术等方面比较熟悉，并积累了丰富的一手资料。因此，编者对生产管理和科研实际操作中拍摄的图片以及各种相关资料进行了整理编写成书，希望能对羊生产和科研工作者有所帮助和启发。

　　本书共分六章，涵盖了羊主要产品、养羊设备、羊的选种选配、繁殖配种、羔羊饲养管理和羊的生产管理。其中羊主要产品介绍了羊毛、马海毛、山羊绒、羊皮、羊肉和羊奶等养羊业产品；养羊设备主要讲述了羊舍类型、饲喂用的水槽料槽以及羊饲料的制作等；选种选配主要包括了如何选择优良品种，以及优良品种的选种技术；繁殖配种阐述了羊配种的方法，以及胚胎移植等繁殖新技术；羔羊饲养管理包括了产羔前的准备、助产、羔羊的护理饲养等；羊的生产管理包括了羊的分群饲养，绵羊和山羊的剪毛、梳绒、修蹄、药浴等管理技术。

本书由周玉香主笔，金亚东配图，刘文茂、李作明和田玉富提供了部分照片，蔡小艳和姜碧薇进行了校稿。在本书编写过程中，得到了许多同仁的关心和支持，并参考了许多专家和学者的相关著作，在此致以诚挚的感谢！编著本书的目的是帮助养羊业的初学者，包括畜牧专业的研究生、本科生以及畜牧部门工作人员和饲养管理人员，尽快理解和掌握羊的饲养管理知识。由于编者经验所限，编写时间仓促，书中的疏漏和不当之处在所难免，敬请同仁及广大读者批评指正。

本书的出版受到了宁夏重点研发项目（2018BBF02016）、国家重点研发项目（2018YFD0502103）、农业部公益性行业（农业）科研专项项目（201503134）等资助，在此表示衷心的感谢！

周玉香

2020 年 6 月

目 录

第六章　羊的生产管理 / 107

第一章

羊主要产品

一、羊毛

羊毛是羊皮肤的衍生物，主要由蛋白质组成，是养羊业的主要产品之一。羊毛具有弹性好、吸湿性强和保暖性能极佳等特点，可作为毛纺工业的重要原料。它的产量和质量与养羊业和毛纺工业的发展直接相关。

羊毛纤维分为刺毛、有髓毛、无髓毛和两型毛。由同一种羊毛纤维类型组成的羊毛叫同质毛；由不同纤维类型所组成的称为异质毛。

1. 同质毛

亦称同型毛，是指一个套毛上的各个毛丛，由一种纤维类型所组成，毛丛内部毛纤维的粗细、长短、弯曲以及其他特征趋于一致。细毛羊品种、半细毛羊品种及其高代杂种羊的羊毛都属于这一类。同质是毛纺工业上对羊毛原料的重要要求条件之一。

同质毛也可以理解为都是细毛，根据其细度的不同可分为半细毛、细毛和超细毛 3 种。

（1）细毛（图1-1）　是指品质支数在 60～70 支，毛纤维平均直径在 18.1～25.0μm 的同质毛。细毛的毛纤维较短，单位长度上的弯曲较多、整齐而明显，油汗较多，长短较为一致。细毛是毛纺工业中的优良原料，可织制华达呢、凡立丁等高级精纺制品。

（2）半细毛（图1-2）　是指品质支数在 32～58 支，毛纤维平均直径在 25.1～67.0μm 的同质羊毛。半细毛一般较细毛长，弯曲稍浅，但整齐而明显，油汗较细毛少。在工艺性能方面与细毛相似，但较细毛用途更广。首先它是良好的纺线原料，亦可制造毛毯、呢绒、工业用呢和工业用毡等。此外，它在化工和轮胎制造

图1-1　细毛（同质毛）

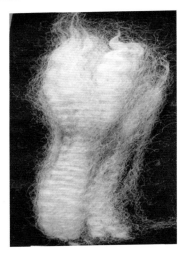

图1-2　半细毛（同质毛）

等方面也有广泛的用途。

（3）超细毛　是指毛纤维平均直径≤18.0μm，品质支数在70支以上的同质细毛。是生产轻薄、温暖、美观高档精纺产品的理想原料。世界上只有澳洲美利奴羊中有少量的超细毛型，美利奴羊生产的这种超细毛的价格高出一般细毛羊羊毛的数倍。我国主要依赖进口。

2. 异质毛

亦称混型毛，是指一个套毛上的各个毛丛，由两种以上不同纤维类型（主要有无髓毛和有髓毛，也包括有两型毛或干毛和死毛）的毛纤维所组成的羊毛，由于是不同纤维类型毛纤维所组成，其毛纤维的细度和长度多不一致，弯曲和其他特征也显著不同，多呈毛辫结构。粗毛羊的羊毛皆为异质毛，所以异质毛又泛指粗毛（图1-3）。

从粗毛羊身上剪取的羊毛属异质毛，是由几种纤维类型的毛纤维混合组成。底层为无髓毛（亦称绒毛），上层为两型毛和有髓毛，也有的混有干毛和死毛。粗毛羊品种生产这种羊毛，另外，细毛羊品种和半细毛羊品种与粗毛羊杂交的一、二代杂种羊也产粗毛。粗毛这一概念并不是说明羊毛纤维都是粗的，而是说明毛纤维具异质性。

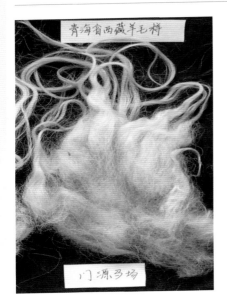

图1-3 粗毛（或异质毛）

二、马海毛

马海毛（图1-4），指安哥拉山羊身上的被毛，又称安哥拉山羊毛。其弹性好，耐压，有特殊光泽，是制造长毛绒织物的优良原料，为目前世界市场上高级的动物纺织纤维原料之一。

马海毛的外观形态与绵羊毛相类似，优质羔羊马海毛的细度范围为 $25 \sim 26\,\mu m$，成年羊马海毛的细度范围为 $33 \sim 36\,\mu m$；马海毛的长度一般为 $120 \sim 150mm$，最长可达 $200mm$ 以上。

马海毛鳞片少而平阔紧贴于毛干，重叠较少，外形酷似竹筒，纤维表面光滑，具有蚕丝般的光泽，其织物具有闪光的特性。马海毛纤维柔软，坚牢度高，耐用性好，不毡化，不起毛、起球，沾污后易清洁，舒适的手感和独特的天然光泽在纺织纤维中是独一无二的。马海毛的皮质层几乎都是由正皮质细胞组成的，也有少量副皮质呈环状或混杂排列于正皮质之中，因而纤维很少弯曲，对一些化学药剂的作用比一般羊毛敏感，与染料有较强的亲和力，染出的颜色透亮，色调柔和、浓艳，是其他纺织纤维无法比拟的。

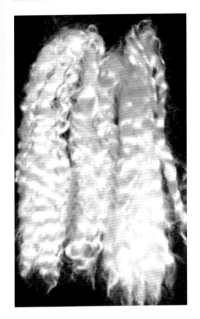

图1-4 马海毛

三、山羊绒

　　山羊绒是着生在山羊皮肤上长毛纤维周围无髓且直径较小的绒毛纤维，由山羊皮肤中的次级毛囊形成的无髓毛纤维。绒山羊的次级毛囊在羔羊出生前就已经开始生长，次级毛囊的活动周期长达 10～11 个月。受次级毛囊活动周期的影响，绒毛纤维的生长具有明显的季节性；我国绒山羊品种的绒毛纤维一般在 6 月下旬至 8 月初开始长出皮肤表面，到第二年的 4 月下旬至 5 月上旬开始脱绒，此时是对绒山羊进行脱绒的最佳时期（图 1-5）。

　　绒山羊脱绒有一定的规律：从羊体位上来看，前躯先于后躯脱绒；从羊的年龄和性别来看，年龄大的比年龄小的先脱绒，母羊比公羊先脱绒；从不同生理时期来看，哺乳羊比妊娠羊先脱绒，妊娠羊比空怀羊先脱绒；从营养状况来看，膘情差的比膘情好的先脱绒；个别病羊由于用药也容易早脱绒。总之，个体之间由于个体差异、饲养水平等不同，脱绒时间有所不同。应根据具体情况来定梳绒（也称抓绒）时间。

图1-5　山羊梳绒

山羊绒是一种高级的毛纺原料，按其颜色可分为白绒、青绒、紫绒（图1-6），其中白绒的用途较广。白绒就是白山羊产的绒，鄂托克旗阿尔巴斯白绒山羊最驰名，这种羊产绒量高，绒的细度、长度、拉力、伸缩力、光泽等较优。青山羊产的绒谓之青绒。紫绒就是黑山羊产的绒，乌审旗产的紫绒国内最佳，其特点是"色泽正紫，纤维细而长，柔软，色润细腻，拉力大，光泽好，含绒量高"。内蒙古自治区鄂尔多斯市盛产山羊绒。

山羊绒制成的产品，表面光滑，弹性好，手感柔软滑润，是最细的绵羊毛也不能取代的动物纤维。20世纪80年代以来，山羊绒制品风靡全球，经久不衰。山羊绒的价格约为细绵羊毛的数倍，因而被称为"软黄金"，是我国传统的出口纺织原料之一，在国际市场上享有很高的声誉。

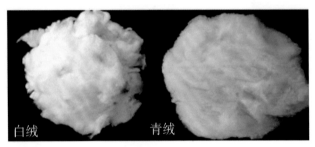

图1-6　白绒、青绒、紫绒

四、羊皮

羊皮是养羊业的主要产品之一，也是重要的工业原料。羊皮按照生产类型分为毛皮（包括羔皮和裘皮）和板皮两大类。绵羊或山羊屠宰后剥下的鲜皮，在鞣制以前都称为生皮，生皮带毛鞣制而成的产品叫做毛皮；鞣制时去毛仅用皮板的生皮叫做板皮，板皮经脱毛鞣制而成的产品叫做革。毛皮是寒冷地区人们用于制作御寒衣物的主要原料之一，板皮主要用于制革。

流产羔羊或出生后 1~3d 内羔羊屠宰后剥取的毛皮，称为羔皮。羔皮一般露毛在外，用以制作皮帽、皮领和翻毛大衣等。由于不同品种宰杀剥皮的时期不同，又将其分为：像羔皮（流产羔皮）、卡拉库尔羔皮、湖羊羔皮、济宁青山羊猾子皮等。

（一）羔皮

1. 卡拉库尔羔皮

卡拉库尔羔皮亦称波斯羔皮（图1-7），是在卡拉库尔羔羊生后3d内宰剥所得的羔皮，与水貂皮并称为国际裘皮业的两大支柱。

（1）毛卷 根据毛卷的形状和结构，分为轴形卷（卧蚕形卷）、肋形卷、鬃形卷、环形卷、半环形卷、豌豆形卷、杯形卷、豆形卷、平毛和变形卷。

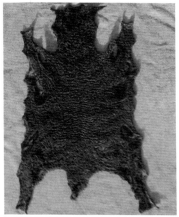

图1-7 卡拉库尔羔皮

轴形卷（卧蚕形卷）是代表卡拉库尔羔皮特征的一种理想型毛卷。毛纤维的卷曲自皮板开始上升，并按同一方向扭转，毛尖向里紧扣，呈圆筒状，形似卧在皮板上的蚕，故称卧蚕形卷。具有这种类型毛卷的羔皮价值也高。

　　根据毛卷的长度可将轴形卷分为长轴形卷（≥4cm）、中轴形卷（2~4cm）和短轴形卷（≤2cm）三种；根据毛卷的宽度与高度的比值可将轴形卷分为正常卧蚕形（宽度=高度）、窄卧蚕形（宽度＜高度）和扁卧蚕形（宽度＞高度）；凡是卷曲较松、被毛稍长的卧蚕形毛卷，称为松卧蚕形卷。

　　（2）光泽　被毛具有良好的丝性和亮而不刺眼的美丽光泽，这是卡拉库尔羔皮的特征之一。光泽是由毛纤维鳞片对光的反射所产生的，由于鳞片的排列不同，其被毛的光泽分强烈光泽、正常光泽、光泽不足、碎玻璃状光泽和毛玻璃状光泽五种。以正常光泽为最佳，强烈光泽次之，另几种光泽都为不理想的被毛光泽。

　　（3）颜色　由于卡拉库尔羔羊被毛有多种颜色，所以将卡拉库尔羔皮分为黑色羔皮、灰色羔皮、苏尔色羔皮、棕色羔皮、粉红色羔皮和白色羔皮等。光泽鲜艳的深黑色是黑色卡拉库尔羔皮的理想颜色，但最为珍贵的要数着色均匀的中灰色羔皮，其被毛是由黑色和白色纤维组成，着色均匀的中灰色羔皮的价值要高于黑色羔皮。

2. 湖羊羔皮

湖羊羔皮是指将出生 3d 以内的湖羊羔羊屠宰所剥取的毛皮，故又有小湖羊皮之称。是我国传统的出口商品，也有"软宝石"之称，在国际裘皮市场享有盛誉。

（1）花纹类型 湖羊羔皮的花纹类型分为波浪花（图 1-8）、片花（图 1-9）、半环花、弯曲毛、平毛（直毛）和小环形花六种类型。波浪花是代表湖羊品种特征的最优等花纹，片花属于次优等花纹，其他则属于次等花纹。根据一个花纹两边隆起之间的距离，可将

图 1-8 波浪花花纹

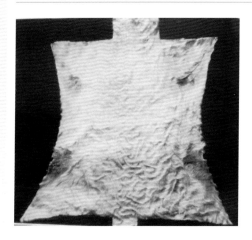

图 1-9 片花花纹

花纹宽度分为小花、中花、大花三种。小花的平均宽度为 0.5～1.25cm，中花的平均宽度为 1.25～2.0cm，大花的平均宽度一般在 2cm 以上，这三种花纹宽度分级以小花为佳，中花次之，大花最差。

（2）羔皮的特点 湖羊羔皮毛色洁白，毛丝光润，炫耀夺目；毛细而短，毛根发硬，富有弹力；花纹明显而奇特，如流水行云，波浪起伏，甚为悦目；毛丝紧贴皮板，虽加抖动，也不会散乱；板质轻薄而柔韧，是鞣制珍贵轻裘的高级原料。经鞣制可染成各种颜色，制成各式长、短大衣或春秋时装，以及披肩、帽子、围巾等，美观大方，深受国内外消费者欢迎，在国际市场上享有盛誉。

3. 济宁青山羊猾子皮

济宁青山羊猾子皮（图1-10）是指将出生后1~3d内的济宁青山羊羔羊宰杀所剥取的毛皮。这种羔皮具有青色的波浪形花纹，人工不能染制，非常美观，在国际市场上很受欢迎，也是我国传统出口产品。

（1）**被毛色泽** 济宁青山羊猾子皮以黑毛和白毛相间生长而形成青色，由于黑毛与白毛的比例不同，又分为正青色、铁青色和粉青色，即毛被中黑毛含量在30%~50%者属正青色，黑毛含量在50%以上者属铁青色，黑毛含量在30%以下者为粉青色。被毛多呈银光和丝光，其中比较细的毛被光泽较好，粗糙的毛

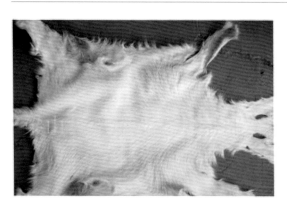

图1-10 济宁青山羊猾子皮

被光泽欠佳。

（2）花纹类型　在猾子皮的毛面上，毛所形成的花形和分布面积是评价猾子皮的主要因素。根据毛细短紧密程度和弯曲弧度的大小，青山羊猾子皮的花纹可分为波浪花、流水花、片花、隐暗花及平毛，其中以波浪花最美观。波浪花是指毛纤维上有两个浅半圆形弯曲紧贴皮肤表面，毛的弯曲一致、排列整齐，花纹像水波一样的。

青山羊猾子皮面上的花纹主要分布在皮张的下半部，即背、腰、尻的两侧。优质的猾子皮应具有清晰、坚实的波浪形花纹，并且该花纹占全皮面积的50%以上。

（二）裘皮

裘皮是指一月龄以上的羊只宰杀后所剥取的毛皮。其特点是毛长绒多，皮板厚实，保暖性好，可以用于做御寒衣物。裘皮具有结实、保暖、美观、轻便等特点。我国的裘皮羊品种主要有滩羊、中卫山羊、贵德黑裘皮羊和岷县黑裘皮羊。

1. 滩羊裘皮

滩羊裘皮（图1-11）是指滩羊羊羔出生30d左右，当毛长达8cm时宰杀后剥取皮子，采用化学制剂和先

图 1-11　滩羊裘皮

进工艺精制而成的裘皮，称"二毛皮"。

（1）毛股　滩羊在胚胎期 48～62d 时全身出现毛源基，而 90d 时滩羊胚胎已形成初级毛囊并长出毛纤维，在 105d 时全身都长出毛纤维，而 120d 时全身都可见到次级毛囊；一般认为 90～105d 为滩羊胚胎毛纤维长出的时间，而 105～135d 为羊毛生长速度最快的阶段，且 135d 时伸直毛股长度相当于出生时长度的 82.98%。出生后 30d 其毛股长度已达 8～9cm，毛股长而紧实，毛纤维细而柔软，所以，剥取滩羊二毛皮的时间以羔羊出生后 30d 左右，毛股的自然长度达到 8～9cm 时比较适宜。

（2）花穗　依据被毛毛股的粗细、绒毛含量和弯曲形状不同，将其分为串字花、软大花以及其他花穗类型。其中串字花和软大花型的花穗较其他类型的花穗形状规则、弯曲较多、弧度均匀、毛根部绒毛含量多，属于上等花穗。

① 串字花　毛股粗细为 0.4 ~ 0.6cm；毛股上弯曲数较多如水波状，一般为 5 ~ 7 个，尖端呈半圆形弯曲；毛股坚实，根部柔软，能向四方弯倒；毛股的 2/3 至 3/4 的部位均有弧度均匀的平波状弯曲，而且这些弯曲排列在同一轴心的一个平面上，形似"串"字，故称串字花。

② 软大花　毛股较粗大而不坚实，毛股粗细为 0.7cm 以上；无髓毛较多；弯曲的弧度较大，呈平波状，一般每个毛股上有弯曲 4 ~ 6 个，有弯曲的部分占毛股全长的 1/2 至 2/3；花穗顶端呈柱状，扭成卷曲。这种花穗由于下部绒毛含量较多，裘皮保暖性较强，但不如串字花美观。

滩羊二毛皮其有髓毛与无髓毛的细度差异不大，由于毛股下部有无髓毛着生，因而保暖性良好，并且有髓毛与无髓毛掺和比例适中，故不易毡结。

滩羊二毛皮皮板弹性较好，致密结实。皮板轻，制成衣物穿着起来比较轻便舒适。

2. 中卫沙毛皮

中卫山羊又叫沙毛样山羊，是我国特有的裘皮用山羊品种，也是世界唯一的裘皮用山羊品种。中卫山羊羔羊在出生后35d左右，毛长达7cm时宰杀后剥取的皮叫中卫沙毛皮。

（1）羊毛生长速度　中卫山羊羊羔在出生后35d内，羊毛生长发育速度较快，远远大于成年羊的羊毛生长速度，羔羊在1～35日龄间羊毛生长4.78cm，而2～6月龄间仅生长2.35cm。中卫山羊羊毛弯曲部分在出生后早期生长较快，弯曲长度和伸直长度受性别影响，公羔大于母羔；但是弯曲数不受性别影响。羔羊在出生后17d左右，羊毛停止弯曲生长，根部开始长直毛。

（2）色泽　中卫山羊主要有黑色和白色两种颜色，其中白色中卫山羊居多；原毛略带浅棕色，光泽悦目，洗净后颜色更加突出，呈现可贵的真丝样光泽，被誉为"中国马海毛"。中卫山羊裘皮质地柔软而致密，花案清晰，花穗美观，轻暖，不毡结。

（3）与滩羊二毛皮比较

① 两者皮板面积之间无较大差异，中卫沙毛皮近似方形，带小尾巴，滩羊二毛皮近似长方形，带大尾巴。

② 中卫沙毛皮手感皮板稍薄，滩羊二毛皮比较厚实。

③ 中卫沙毛皮的毛尖手感粗糙，滩羊二毛皮手感滑润。

④中卫沙毛皮因毛纤维含有较多髓质，呈现蒸骨光泽，而滩羊二毛皮则呈现玉白光泽。

⑤中卫沙毛皮手感毛稀疏，可见板底；滩羊二毛皮羊毛密度大，手感厚实，板底看不清。

五、羊肉

羊肉（图 1-12）含有丰富的蛋白质、脂肪、碳水化合物、钙、磷、铁、胡萝卜素及维生素 B_1、维生素 B_2 及烟酸等成分。羊肉所含蛋白质高于猪肉，所含钙、铁高于牛肉和猪肉，但胆固醇含量却低于大多数肉类，属于高蛋白、低脂肪、低胆固醇的营养食品。

据研究，在每 100g 可食瘦肉中，胆固醇含量：羊肉为 62mg，牛肉为 58mg，猪肉为 81mg，鸭肉为 80mg，鱼肉为 83mg，鸡肉为 106mg。羊肉的胆固醇含量在人们日常生活食用的若干种肉类中是比较低的。因此可满足人们对美食和健康的双重需求。

《本草纲目》曰："羊肉性温，味甘，具有补虚祛寒、温补气血、益肾补衰、开胃健脾、补益产妇、通乳治滞、助元益精之功效。"主治肾虚腰痛、病后虚寒、产妇产后体虚或腹痛、产后出血、产后无乳等症。

羊肉纤维细嫩，其所含主要氨基酸的种类和数量，能完全满足人体的需要，特别是羔羊肉具有瘦肉多、肌肉纤维细嫩、脂肪少、膻味轻、味美多汁、容易消化等特点，颇受消费者欢迎。

图 1-12　羊肉

六、羊奶

　　羊奶（图 1-13），其味甘，性温，入肝、胃、心、肾经，有温润、补虚、养血的良好功效。羊奶含蛋白质、脂肪、碳水化合物、维生素 A、维生素 B、钙、钾、铁等营养成分。现代营养学研究表明，羊奶中的蛋白质、矿物质，尤其是钙和磷的含量要略高于牛奶，维生素 A 和维生素 B 的含量也高于牛奶，羊奶对于保护视力和恢复体能都有一定的益处。羊奶的脂肪颗粒体积为

图 1-13　羊奶及其奶制品

牛奶的三分之一，更利于人体吸收，婴儿对羊奶的消化率可达 94% 以上。美国、欧洲的部分国家均把羊奶视为营养佳品，欧洲鲜羊奶的售价是牛奶的 7 倍。羊奶的营养特点如下。

1．羊奶营养丰富

现代研究证明，羊奶中含有 200 多种营养素和生物活性物质，羊奶中已知乳酸有 64 种，氨基酸有 20 种，维生素 20 种，矿物质 25 种。羊奶中干物质含量与牛奶相近，但每千克羊奶的热量要比牛奶高 210kJ。并且其干物质中，蛋白质、脂肪、矿物质含量均高于人乳和牛奶，乳糖低于人乳和牛奶。

2．蛋白质含量高、品质好

山羊奶中蛋白质不仅含量高，而且品质好、易消化。人体必需氨基酸中除蛋氨酸和精氨酸外的其余氨基酸在山羊奶中的含量均高于牛奶。山羊奶中的游离氨基酸含量也高于牛奶，而游离氨基酸是很容易消化的。

羊奶中的蛋白质主要是酪蛋白和乳清蛋白。有研究显示，羊奶、牛奶和人乳中酪蛋白和乳清蛋白的比例分别为 75：25、85：15、40：60。由此可见，单位水平下，羊奶中酪蛋白的含量要低于牛奶，但乳清蛋白的含量却高于牛奶。此外在羊奶中有重要作用的易消化的白蛋白、球蛋白含量也高于牛奶；其凝乳表面张力较小，食入后，乳蛋白在胃内形成絮状凝块，其结构细小松软，易于消化吸收，所以，羊奶蛋白质有较高的消化率。

3. 乳脂肪质量好，容易消化

羊奶的脂肪主要是由甘油三酯类组成，也有少量的磷脂类、胆固醇、脂溶性维生素类、游离脂肪酸和单酸甘油酯类，其中对人体有重要作用的磷脂含量较高。羊奶的脂肪含量大约为 3.6% ~ 4.6%，脂肪球直径约为 2 μm（牛奶脂肪球直径为 3 ~ 4 μm）；同时短链脂肪酸含量丰富，尤其是 C_4 ~ C_{10} 脂肪酸的含量，羊奶中这类低级脂肪酸含量比牛奶高 4 ~ 6 倍，使其消化吸收效率高于牛奶。

4. 山羊奶矿物质含量较高，维生素较丰富

羊奶中的矿物质含量大约为 0.86%，远高于人乳，也高于牛奶，特别是钙和磷。羊奶中的钙主要以酪蛋白钙形式存在，很容易被人体吸收，它是提供给老人、婴儿钙的很好食物。

山羊奶中的铁含量高于人乳，和牛奶接近。

山羊奶中维生素 A、硫胺素、核黄素、尼克酸、泛酸、维生素 B_6、叶酸、生物素、维生素 B_{12} 和维生素 C 等 10 种主要维生素的总含量比牛奶高，特别是维生素 C 的含量是牛奶的 10 倍，尼克酸含量是牛奶的 2.5 倍，维生素 D 的含量也比牛奶高。

5. 酸度低，缓冲性能好

羊奶的 pH 值为 6.72，牛奶的 pH 值为 6.62。与牛奶相比，羊奶酸性弱，其主要缓冲成分是蛋白质类和磷酸盐类，它优越的缓冲性能使之成为辅助治疗胃溃疡的理想食品。

6. 低胆固醇

据研究，每 100g 羊奶中胆固醇含量为 10～13mg，每 100g 牛奶中胆固醇含量约为 15mg，而每 100g 人乳中胆固醇的含量则约为 20mg。人体高胆固醇血症是引起脂肪肝、动脉硬化、高血压等疾病的主要因素之一，所以常喝羊奶可降低患这类疾病的概率。

第二章

养羊设备

一、羊舍类型

1. 封闭式羊舍

封闭式羊舍（图 2-1、图 2-2）四周墙壁完整，保温性能好，适合较寒冷的地区采用。建造成本比同样规模的其他形式的羊舍要高。

图 2-1　封闭式羊舍内部

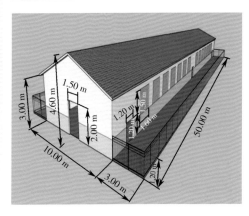

图 2-2　封闭式羊舍外部

2．棚式羊舍

棚式羊舍上有舍顶，四面均用立柱（砖垒柱、水泥混凝土柱或钢柱）支撑（图 2-3、图 2-4）。棚式羊舍的舍内小环境受外界环境变化的影响较大，不适宜于冬春寒冷季节养羊，多为长江以南的亚热带和热带地区采用。

3．棚、舍结合羊舍

这种羊舍大致分为两种类型。一是利用原有羊舍的一侧墙体，修成三面有墙，前面敞开的羊棚（图 2-5）。

图2-3 棚式羊舍（一）

图2-4 棚式羊舍（二）

夏秋时羊在棚内过夜，冬春进入羊舍。另一种是三面有高墙，向阳避风面为1.0～1.2m的矮墙，矮墙上部敞开、外面为运动场的羊棚（图2-6）。通常羊在运动场过夜，冬春进入棚内，这种棚舍适用于冬春天气较暖的地区。

图2-5　棚、舍结合羊舍（一）

图2-6　棚、舍结合羊舍（二）

4. 吊楼式（或楼式）羊舍

吊楼式羊舍又称高架羊舍（图2-7、图2-8），适于长江以南的多雨地区舍饲羊用。这种羊舍通风良好，

图2-7　吊楼式羊舍（一）

图2-8　吊楼式羊舍（二）

防热、防潮性能较好。楼板多以漏缝水泥板、木条、竹片敷设,间隙 1 ~ 1.5cm,离地面 1.5 ~ 2.5m(图 2-9、图 2-10)。夏、秋季节气候炎热、多雨、潮湿,羊可住楼上,通风好、凉爽、干燥。冬春冷季,楼下经过清理即可住羊,楼上可贮存饲草。

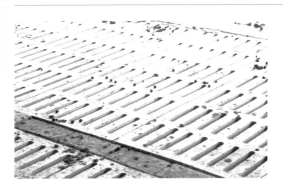

图 2-9　吊楼式羊舍漏缝地面(一)

图 2-10　吊楼式羊舍漏缝地面(二)

5. 农膜暖棚式羊舍

农膜暖棚式羊舍（图 2-11、图 2-12）是一种更为经济合理、灵活机动、方便实用的棚舍结合式羊舍。这种羊舍可以原有三面墙的敞棚圈舍为基础，在距棚前檐 2～3m 处筑一高 1.2m 左右的矮墙。

图 2-11　农膜暖棚式羊舍（一）

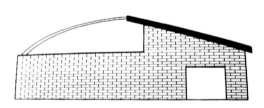

图 2-12　农膜暖棚式羊舍（二）

6. 组装式羊舍

组装式羊舍（图 2-13、图 2-14）适合用于比较温暖的地区。侧面墙为可活动式的。冬季可以将侧面墙全部展开，形成封闭式羊舍，提高舍内温度。其他季节可以将侧面墙全部或部分卷起，形成半开放式羊舍，

图 2-13　组装式羊舍（一）

图 2-14　组装式羊舍（二）

使羊舍温度适应不同的季节。

7. 农家简易羊舍

农家简易羊舍（图 2-15、图 2-16）适于规模较小的家庭饲养羊。羊舍占地一般为长方形，房顶可用瓦片、

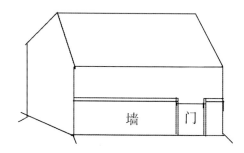

图 2-15　农家简易羊舍简图

图 2-16　农家简易羊舍实拍图

看·图·轻·松·学·养·羊

稻草或其他保温材料覆盖，三面整墙，前面用半墙或栏栅，高 1m 左右，上半部敞开，墙用砖石砌成或泥土筑成。也可利用旧房、草棚等改建而成。

二、羊舍屋顶结构

羊舍屋顶有双坡式、单坡式、平顶式、联合式、半钟楼式、钟楼式等（图2-17）。

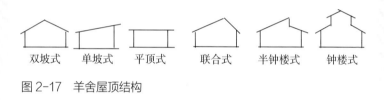

双坡式　　单坡式　　平顶式　　联合式　　半钟楼式　　钟楼式

图2-17　羊舍屋顶结构

双坡式屋顶羊舍，跨度大，保暖能力强，但自然采光、通风差，适于寒冷地区，也是最常用的一种类型。

单坡式屋顶羊舍，跨度小，自然采光好，适用于小规模羊群和简易羊舍；一般屋顶前高2.2～2.5m，后高1.7～2.0m，屋顶斜面呈45°。

在寒冷地区还可选用平顶式、联合式等类型的羊舍屋顶。

在炎热地区可选用钟楼式和半钟楼式的羊舍屋顶。

三、产羔室

产羔室是为产羔母羊和羔羊准备的一个小环境（图2-18）。

图2-18　产羔室

产羔室的准备应根据当地养殖场（户）具体情况来决定。集约化羊场应该准备专门的产羔室，保证产羔期间，室内温度保持在 -5~5℃。产羔室温度不能过高，也不能过低，温度过高或过低，对羔羊都是不利的。

产羔室地面上应该铺一些干草。在寒冷的地区，可以在产羔室的上部吊一个烤电用的射灯，在冬季寒冷的时候使用它，像温暖的小太阳照在羊羔的身上，直到羊羔身上的毛干了，羊羔的精神状态好了。

四、料槽、水槽

为了节省饲料和用水，保持羊舍清洁卫生，羊舍要设料槽和水槽。料槽有固定式和活动式两种。

固定式料槽（图 2-19）：用砖、石头、水泥等砌成。料槽大小一般要求为：槽体高 23 ~ 25cm，槽内宽 23 ~

图 2-19　固定式料槽

25cm，深 14～15cm，槽壁应用水泥抹光。槽长依据供给羊只数量而定，一般可按每只大羊 30cm、羔羊 20cm 长度计算。

活动式料槽（图 2-20）：用厚木板或铁皮制成，长 1.5～2m，上宽 30～35cm，下宽 25～30cm。其优点是使用方便、制作简单。

饮水槽多为固定式砖水泥结构，长度一般为 1.0～2.0m。

也可安装自动饮水器（图 2-21），这样能够节约用水，并且可在水箱内安装电热水器，使羊在冬天能喝上温水。

图 2-20　活动式料槽

图 2-21　自动饮水器

五、羔羊补饲栏

设置羔羊补饲栏的目的：加快羔羊生长速度，缩小单、双羔及出生稍晚羔羊的大小差异；为以后提高育肥效果尤其是缩短育肥期打好基础；同时也减少羔羊对母羊索奶的频率，使母羊泌乳高峰期保持较长时间。

羔羊补饲栏如图2-22所示，可用多个栅栏、栅板

图2-22　羔羊补饲栏

或网栏在羊舍或补饲场靠墙围成足够面积的围栏，并在栏间插入一个大羊不能进而羔羊能自由进出采食的栅门即成。

六、分羊栏

　　分羊栏（图2-23）用于羊分群、鉴定、防疫、驱虫、称重、打号等生产技术性活动中。分羊栏由许多栅板连结而成。在羊群的入口处为喇叭形，中部为一窄小通道，可容许羊单行前进。沿通道一侧或两侧，可根据需要设置 3~4 个可以向两边开门的小圈，利用这一设施，就可以把羊群分成所需要的若干小群。

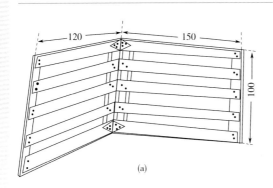

(a)

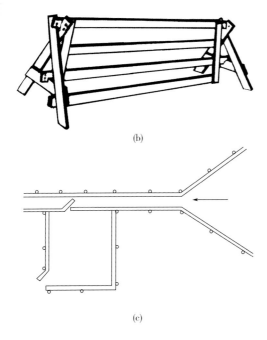

(b)

(c)

图 2-23 分羊栏（单位：cm）

七、草料架

　　草料架（图2-24）形式多种多样。有专供喂粗料用的草架，有供喂粗料和精料的两用联合草料架，有专供喂精料用的料槽。添设草料架总的要求是不使羊只采食时相互干扰，不使羊脚踏入草料架内，不使架内草料落在羊身上影响到羊毛质量。

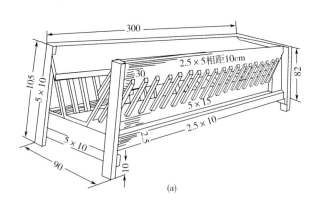

(a)

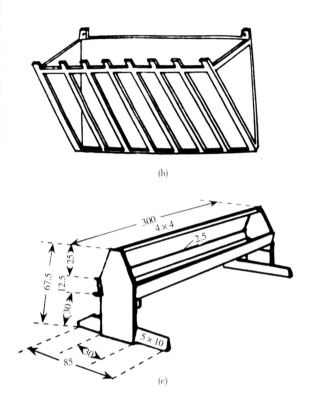

(b)

(c)

图 2-24 草料架（单位：cm）

八、电子秤

在养羊生产和科学研究中，为了及时掌握羊只增重情况，羊场需要配有电子秤（图2-25）。因为羊在电子秤上会不停地动，因此应使用灵敏度高的电子秤，并采用固定围栏以准确进行称量。

(a)

(b)

(c)

图 2-25　电子秤

九、青贮窖

青贮窖是用于制备青贮饲料的设施（图 2-26）。

青贮饲料是将含水率为 65% ~ 75% 的青绿饲料切碎后，置于密闭缺氧的条件下，通过厌氧乳酸菌的发酵作用，抑制各种杂菌的繁殖，而制得的一种粗饲料。青贮饲料气味酸香、柔软多汁、适口性好、营养丰富，最大限度地保存了青绿饲料的营养物质，同时有利于长期保存，是羊优良饲料来源。

目前，青贮饲料在养羊生产中逐渐推广使用。

(a)

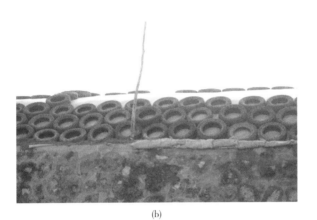

(b)

图 2-26　青贮窖

十、裹包青贮

　　裹包青贮（图2-27）投资少，见效快，综合效益高，是目前世界上最先进的青贮技术，比传统的窖贮有明显的优越性：①青贮质量好，粗蛋白含量高，粗纤维含量低，消化率高，适口性好，采食量高，气味芳香，大幅度提高羊产奶量；②损失浪费极少，霉变损失、流液损失均大大减少；③保存期长，可长达1～2年；④不受季节、日晒、降雨和地下水位的影响，高温高寒地均适用，可在露天堆放；⑤储存方便，取饲方便；⑥节省建窖费用和维修费用，节省建窖占用土地和劳力，可改善环境，易于运输和商品化。

(a)

(b)

图 2-27 裹包青贮

第三章

羊的选种选配

一、选种

1. 肉羊选种

（1）**肉羊选种的意义**　肉羊的选种，是指将在实际生产和繁殖过程中生长发育良好、生产性能高、适应性强、饲料报酬高、遗传性能稳定、体形外貌符合品种要求的公、母羊选择出来作为繁殖后代的种羊（图3-1）。肉羊选种有助于提高羊群生产力，是实现羊群高产的内因。通过所有生产和繁殖指标对羊进行综合选择，用具有高生产性能的优良个体来补充羊群；再结合对生产性能低下的个体进行淘汰，以达到不断改善和提高羊群整体品质的目的。

（2）**选种依据**　肉羊的选种主要依据体型外貌、生产性能、后代品质、血统四个方面，是在对羊只进行个体鉴定的基础上进行的。只有通过不断地培育出生产性能好的种羊来扩大繁殖，才能达到提高经济效益的目的，因此选种是选育的前提和基础。

图 3-1　肉羊种羊

① 体型外貌　有研究表明肉羊的外貌体型与产肉性能、繁殖性能等存在一定的联系。所以，体型外貌在选种时占有一定的地位，凡是不符合本品种特征的羊不能作为选种的对象。

② 生产性能　肉羊生产性能指标包括日增重、屠宰率、胴体重、眼肌面积、繁殖力等。肉羊的生产性能，可以通过遗传传给后代，因此选择生产性能好的种羊是选育的关键环节。但所选品种要在各个方面都优于其他品种是不可能的，应突出主要优点。如在肉羊选种过程中，应首先考虑繁殖力、断奶重、断奶后生长率和遗传缺陷（下颌不正、隐睾、眼睑内翻等缺陷）这四个指标。

③ 后代品质　种羊本身是不是具备了优良性能这是选种的前提条件，但这仅仅是一个方面，更重要的是它的优良性能是不是可以传给后代并且保持稳定，如果优良性能不能传给后代或稳定性较差，就不能继续作为种羊用。同时在选种过程中，要不断地选留那些性能好的后代作为后备种羊。

④ 血统　血统即系谱，是选择种羊的重要依据，它不仅提供了种羊亲代的有关生产性能的资料，而且记载着羊只的血统来源，对正确地选择种羊很有帮助。

（3）选种方法　绵羊、山羊选种的主要对象是种公羊。农谚说"公羊好好一坡，母羊好好一窝"，正是这个道理。选择的主要性状多为有主要经济价值的数量性状和质量性状。一般从以下四个方面着手进行：

① 根据个体本身的表型选择——个体表型选择。如公羊要头大雄壮、眼大有神、睾丸发育匀称、性欲旺盛，特别要注意是否存在单睾或隐睾；母羊要腰长腿高、乳房发育良好。胸部狭窄、尻部倾斜、垂腹凹背、前后肢呈"X"状的母羊，不宜作种用。

② 根据个体祖先的成绩选择——系谱选择。如果被审查的个体曾有过多个十分优秀的祖先，则通常该个体应有较好的育种价值。遗传上影响最大的是个体的父母，其次为祖父母、曾祖父母，多于 3 个世代的祖先作用不大。

③ 根据旁系成绩选择——半同胞测验成绩选择。

由于个体出生的时间和环境影响基本相同，利用半同胞资料进行选择，可靠性较高；同时，还可根据半同胞资料进行适当的早期选择，在被选择对象还没有产生后代时，就可预测其将来所产后代的价值。

④ 根据后代品质选择——后裔测验成绩选择。根据后代生产性能和品质优劣，决定所选个体的种用价值，是最可靠的方法。但这种方法花费大，需要时间特别长。

这四种方法并不是对立的，而是相辅相成、互相联系的，应根据选种单位的具体情况和不同时期所掌握的资料合理利用，以提高选择的准确性。

2. 裘皮羊选种

（1）**裘皮羊选种意义**　裘皮羊的选种，是指将在实际生产过程中生长发育良好、生产性能高、适应性强、饲料报酬高、遗传性能稳定、体型外貌符合品种要求的公、母羊选择出来作为繁殖后代的种羊（图3-2）。

（2）**选种依据**　从理论上讲裘皮羊选种主要依据以下四个方面：①羊只的品质鉴定；②生产性能的测定资料；③谱系（血统）记载；④后裔品质（遗传性能）。由于裘皮羊主要是用其一月龄以上的羊只剥取毛皮，其生产性能指标的测定主要侧重于羊毛的生长速度、股长、花穗等，这与肉羊选种时所依据的性能指标有

图 3-2　裘皮羊二毛期种羊

所不同。其他选种测定指标与肉羊的类似。

（3）选种方法　裘皮羊的选种方法与肉羊类似，也主要从个体表型选择、系谱选择、半同胞测验成绩选择和后裔测验成绩选择四个方面进行。略有不同的是，滩羊等裘皮羊的选种通常分三次鉴定，以初生鉴定为基础，二毛鉴定为重点，育成羊鉴定为补充。正确选择羔羊，需要从两方面着手。一方面从亲代，即通过亲代有意识的选配而获得；另一方面是从出生后按其个体品质开始挑选。以后者为主。滩羊个体品质的优劣，主要表现在羔羊时期，尤其二毛期（二毛鉴定为重点）。

二、选配

（1）**选配的目的和意义** 在选种的基础上，根据母羊的特性，为其选择恰当的公羊与之配种（图3-3），以期获得理想的后代。因此，选配是选种工作的继续，它同选种结合而构成在规模化的绵、山羊改良育种工作中两个相互联系、不可分割的重要环节，是改良和

图3-3　配种

提高羊群品质最基础的方法。

选配的意义在于巩固选种效果。通过正确的选配，使亲代的固有优良性状稳定地遗传给下一代；把细微的不甚明显的优良性状累积起来传给下一代；对不良性状、缺陷性状给与削弱或淘汰。主要表现在以下几个方面：

① 选配能创造必要的变异，为选育新的理想型创造条件；

② 选配能稳定遗传性，使理想的性状固定下来；

③ 选配能把握变异方向，而且能加强某种变异。

可以看出，选配的目的即创造变异→固定变异→加强变异，建立新类型或新品种（品系）。

（2）选配的方法

① 选配必须根据既定的育种目标进行，注意如何加强其优良品质和克服其缺点。

② 选配时，尽量选择亲和力好的羊只相配。

③ 公羊的等级一定要高于母羊。

④ 有相同缺点或相反缺点者不能配。为具有某些方面缺点和不足的母羊选配公羊时，必须选择在这方面有突出优点的公羊与之配种，才能纠正其缺点。

⑤ 搞好品质选配，对优秀的公母羊，应进行同质选配。

第四章

羊的繁殖配种

一、自然交配

自然交配（图4-1）是养羊业中最原始的配种方法，这种配种方法是在羊的发情季节，将公、母羊混群饲养，任其自由交配。如果公母羊比例适当[一般公母比为1：（15~30）]，受胎率也相当高。母羊发情时便与同群的公羊进行自由交配，这种方法又叫群体本交。

1. 自然交配的优点

用这种方法配种时，其优点是可以节省大量的人力物力，也可以减少发情母羊的失配率，对位置分散的家庭小型牧场很适合。

2. 自然交配的缺点

① 由于公母羊混群放牧，公羊在一天中追逐母羊交配，故影响羊群的采食抓膘，而且公羊的精力也消耗太大；

图 4-1　自然交配

　　② 由于配种的随机性，无法对羊群进行有计划的选种选配；

　　③ 无法统计羊群的血缘关系，极易造成近亲交配和早配，不利于羊群质量的保持和提高；

　　④ 不能记录确切的配种日期，也无法推算分娩时间，给产羔管理造成困难；

　　⑤ 由于妊娠母羊受孕日期的不确定，可能无法准确地提供满足其日常营养所需的日粮，极易造成胎儿发育不良以及母羊流产或者难产等事故的发生；

　　⑥ 由生殖器官交配接触传播的传染病不易预防控制。

二、 人工辅助交配

　　人工辅助交配（图4-2）是指将公母羊分群放牧或饲养，到配种季节每天对母羊用试情公羊进行试情，然后把挑选出来的发情母羊与指定的公羊进行交配。采用这种方法配种，可以准确登记公母羊的耳号及配

图4-2　人工辅助交配

种日期，从而能够预测分娩期，节省公羊精力，提高受配母羊头数；同时也比较有利于羊的选配工作进行，可有效地防止近亲交配和早配的发生。

1. 试情公羊

试情公羊是指用来测试母羊是否发情的公羊。为了防止试情公羊偷配，试情时应在公羊腹下系上试情布，试情布要捆结实，防止阴茎脱出造成偷配事故。每日早晨一次或早晚各一次将公羊放入母羊群中试情，当母羊接受公羊爬跨，站立不动，或母羊围着公羊旋转，并不断摇尾，说明母羊此时正处于发情时期，应及时把其抓出、再次确认，对确认发情的转至种公羊处进行配种。每次试情结束，要清洗试情布，以防布面变硬，擦伤阴茎。我国许多地区还采用了对公羊进行输精管结扎和阴茎移位的方法，既节约了用布，又杜绝了偷配，同时还减轻了工作负担，受到普遍欢迎。

2. 试情公羊的要求

选作试情公羊的个体必须是体质结实，健康无病，行动灵活，性欲旺盛，生产性能良好，年龄在 2 ~ 5 岁。试情公羊与母羊的比例一般为 1 ：（ 30 ~ 40 ）。在配种前一个月对试情公羊进行驱虫处理，并检查其生殖器健康状况，同时加强饲养管理，除放牧采食或舍饲喂草外，每天补饲 0.2 ~ 0.3kg 的混合精料。每隔 10 ~ 15 天，给试情公羊排精一次，以增强其性欲。

由于母羊发情征状不明显，发情持续期短，漏过一次就会耽误配种时间至少半个多月，因此，在人工辅助交配和人工授精工作中必须用试情公羊每天从大群待配母羊中找出发情母羊适时进行配种，所以试情公羊的作用不能低估。

三、 人工授精

　　羊的人工授精是指通过人为的方法，将公羊的精液输入母羊的生殖器内（图4-3），使卵子受精以繁殖后代，它是近代畜牧科学技术的重大成就之一，是当前我国养羊业中常用的技术措施。

　　人工授精技术可分为以下两类方法。

1. 鲜精人工授精技术

　　其又可分为两种方法：①鲜精或1：（2～4）低倍稀释精液人工授精技术。使用这种方法，一只优质种公羊所产精液可配500～1000只母羊，比用公羊本交的效率高10～20倍。②1：（20～50）高倍稀释精液人工授精技术。这种方法可使一只优质种公羊配种10000只以上的母羊，比本交效率提高200倍以上。这两种方法，是将采出的精液不稀释或以不同倍数进行稀释，然后立即给发情母羊输精。该方法受胎率较高，它适用于母羊季节性发情较明显，而且数量较多

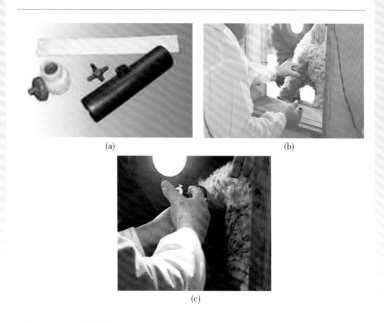

(a)   (b)

(c)

图 4-3　人工授精

的地区。

2. 冷冻精液人工授精技术

该方法是将优质种公羊的精液冷冻贮存起来，然后在需要时将其取出。如制作颗粒冷冻精液，一只公羊一年所采出的精液可冷冻 10000 ~ 20000 个颗粒，可配种 2500 ~ 5000 只母羊。精液使用多少可解冻多少，不会造成浪费。

人工授精与自然交配相比有以下优点：①扩大优良公羊的利用率；②可以提高母羊的受胎率；③采用人工授精方法，可以节省购买和饲养大量种公羊的费用；④可以减少疾病的传播；⑤精液可以长期保持和实行远距离运输（异地配种）；⑥克服公母羊因个体差异较大而难以配种的难题。

四、采精

（1）选择发情好的健康母羊作台羊（后躯应擦拭干净），头部固定在采精架上。训练好的公羊可不用发情母羊做台羊，可用公羊或假台羊来代替都可采出精液（图4-4）。

（2）种公羊在采精前，用剪刀小心地剪去其阴茎

图4-4　采精

周围多余的长毛，用0.1%的高锰酸钾溶液对其包皮进行清洗，挤去包皮腔内积尿和其他残留物并用洁净的温湿布擦干。

（3）假阴道的准备：首先对假阴道进行清理消毒工作，然后对假阴道进行安装、调试、控温等操作。采精时，采精人员右手握住假阴道后端，固定好集精杯（瓶），并将气嘴活塞朝下，蹲在台羊的右后侧，让假阴道靠近公羊的臀部，在公羊跨上母羊背上的同时，应迅速将公羊的阴茎导入假阴道内，切忌用手抓碰摩擦阴茎。若假阴道内的温度、压力、滑度适宜，当公羊后驱急速向前用力一冲，即已射精，此时，顺公羊动作向后移下假阴道，并迅速将假阴道竖起，集精杯一端向下，然后打开活塞上的气嘴，放出空气，取下集精杯，用盖盖好送精液处理室待检。

（4）种公羊每天可采精1~2次，采3~5天，休息一天。必要时每天采3~4次。两次采精后，让公羊休息2h后，再进行第三次采精。

五、胚胎移植

　　胚胎移植也称受精卵移植、人工受胎或借腹怀胎。羊的胚胎移植技术是通过采用外源激素对优秀供体母羊进行超排处理，在胚胎发育早期从子宫内将胚胎取出，在体外处理后，再移植到另一只同种的经过同期化的受体羊内，使其在受体内发育成新个体，直至分娩。提供胚胎的个体称为供体，接受胚胎的个体称为受体。胚胎移植实际上是产生胚胎的供体和养育胚胎的受体之间分工合作，共同繁育后代的过程。

　　胚胎移植的优点：

　　① 羊胚胎移植可极大地提高优秀供体母羊的利用率，是羊的纯种繁育、快速扩繁及提高优质种羊繁殖率的重要措施之一。

　　② 同时可使种羊实现批量同期生产，便于饲养管理，提高成活率，降低生产成本。

　　③ 应用胚胎移植育种技术可加大选择强度，提高选择的准确性，缩短世代间隔，加快遗传育种进展速度。

　　④ 通过将个别生长性状优良但有繁殖障碍的羊选

择为供体或受体，使其间接地产生后代，以便将其优良性状传递下去。

具体实施过程中，可以借助腹腔镜窥视卵巢（图4-5），通过腹腔手术拉出子宫卵巢（图4-6），将供体羊的胚胎取出——冲胚（图4-7），最终移植到受体羊体内（图4-8），实现借腹怀胎。

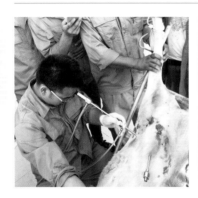

图4-5　窥视卵巢

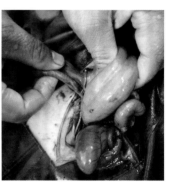

图4-6　拉出子宫卵巢

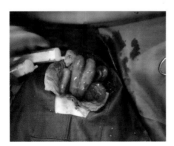

图4-7　冲胚

图4-8　移胚

六、孕羊 B 超

采用 B 超诊断母畜妊娠，方法简便，结果准确，仪器配套，具有效果好、效益高的优点，可以在临床和畜牧业生产上推广使用。

孕羊 B 超（图 4-9）的探测方法如下。

1. 保定

母羊一般取自然站立姿势，助手在旁扶持，保持安静即可，或助手用两腿夹住母羊颈部保定，或采用简易的保定架保定。侧卧保定可稍稍提早诊断日期和提高诊断准确率，但在大群使用不方便。B 型仪探查早期妊娠，取侧卧、仰卧或站立均可。

2. 探查部位和方法

腹壁探查，妊娠早期在乳房两侧和乳房直前的少毛区，或两乳房的间隔。妊娠中后期可在右侧腹壁进

(a)

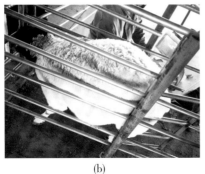

(b)

图4-9 孕羊B超

行。在少毛区探查不需剪毛，侧腹壁探查需要剪毛，直肠内探查需要保定。探查方法与对猪的探查基本相同，检查者蹲于羊体一侧，局部或探头涂布耦合剂后，将探头紧贴皮肤，朝向盆腔入口方向，进行定点扇形扫查。从乳房前向后，从乳房两侧向中间，或从乳房中间向两侧扫查均可。妊娠早期胎囊不大，胚胎很小，需要慢扫细查才能探到。检查者也可蹲于羊的臀后，手持探头从羊两后肢中间伸向乳房进行扫查。奶山羊乳房过大，或侧腹壁被毛过长，影响看清探查部位的，可由助手提起探查一侧羊的后肢，暴露探查部位，但不必剪毛。

　　预测胎数的探查方法：母羊改仰卧或半仰卧保定，充分显露乳房前至脐的部位，可以适当剪毛，较大面积地涂布耦合剂，一般都从中线向两侧扫查。D型仪探查以探到胎心搏动和探到的部位来确定单胎或多胎。不要单纯以胎儿心率差来判断，更不要从胎血音频率来判断，容易出现误差。B型仪探查，探头可在探查部位滑动扫查，以实际探查到的胚胎来判断。有人提出，妊娠早期可以依探到的胎囊数来预测怀胎数，但不太可靠。

第五章

羔羊饲养管理

一、母羊产羔前表现

母羊在分娩前,为了顺利分娩,机体的某些器官(如乳房、外阴、骨盆)反射性地发生某些变化;此外母羊分娩前也表现出与以往不同的行为,这些变化是母羊为适应胎儿产出和为新生羔羊哺乳的需要而做的生理准备。通过对母羊临产前生理和行为变化的认知,有利于后续接羔和助产等工作的开展,提高羔羊成活率,防止母羊因难产造成死亡等事情的发生。

(1)乳房变化 母羊在分娩的前几天,乳房开始快速发育,腺体充实,表现为乳房肿胀,乳头直立、增大变粗;在分娩的前2~3天,可从乳头中挤出少量胶状清亮的液体或黄色初乳。

(2)外阴变化 母羊在临近分娩前,其阴户肿胀、增大,阴唇皮肤上的皱襞展开;阴道柔软变红;阴道黏膜潮红,起初阴道流出的黏液较为浓厚黏稠,此后逐渐变得稀薄滑润,同时排尿次数增加。

(3)盆骨变化 肷窝下陷,尤其以临产前2~3h最明显;骨盆的耻骨联合,荐髂关节以及骨盆两侧的

图 5-1 临产前母羊

韧带活动性增强，在尾根及两侧松软，行走时可见尾根松软。

（4）**行为变化** 临产前母羊表现出精神不安，时起时卧并不时回顾腹部，同时母羊腹部发生明显的下陷（图 5-1），并不断努责和鸣，这是临产前的征兆，应将待产母羊立即送入产房。

二、产羔

    对于规模化的养殖场，应为待产的母羊配备专门的产羔室，同时做好产羔室的清洁和消毒工作；对于在寒冷时节分娩的羊只，要做好产羔室的防寒保暖工作，保持房间干燥。母羊生产时所需要的消毒用品和一些助产的工具也应备好并进行消毒处理。

    母羊分娩前应将其乳房周围和后肢内侧的羊毛剪掉，避免产后污染乳房，如母羊眼周围毛过长，也应

图5-2　母羊分娩

剪短。随后用温水将乳房清洗干净，并挤出几滴初乳，再将尾根、外阴部、肛门洗净。经产母羊正常分娩时，在羊膜破后几分钟至 30min 左右，羔羊即可产出（图5-2）。

正常胎位的羔羊，出生时一般是两前肢及头部先出，并且头部紧靠在两前肢的上面。若是产双羔，先后间隔 5~30min，但也偶有长达数小时以上的。因此，当母羊产出第一个羔后，必须检查是否还有第二个羔羊，方法是以手掌在母羊腹部前侧适力颠举，如系双胎，可触感到光滑的羔体。

在母羊产羔过程中，非必要时一般不应干扰，最好让其自行娩出。但有的初产母羊因骨盆和阴道较为狭小，或双胎母羊在分娩第二只羔羊时已感疲乏的情况下，这时需要助产。

如遇母羊难产，助产人员应将双手指甲剪短磨光，手臂消毒，带上一次性无菌长筒手套，并涂上润滑油，伸入母羊产道（如胎儿身体已有部分露出体外，应先将露出部分送回阴道），将羊胎位板正，然后随着母羊有节奏的努责，将胎儿拉出；如胎儿过大，可将羔羊两前肢反复数次拉出和送入，然后一手拉前肢，一手扶头，随着母羊有节奏的努责缓慢向下方拉出。切忌在助产时用力过大，或不根据母羊努责的节奏硬拉，从而造成母羊阴道被拉伤。

难产羔羊一般易发生假死，此时羔羊表现为呼吸微弱或没有呼吸，但心脏仍有跳动。如遇此种情况，应提起羔羊后肢，将其悬空并不断拍击背和胸部；也可将羔羊平卧，用两手有节奏地推压胸部两侧；或在羔羊鼻孔周围涂抹一些酒精，以刺激羔羊呼吸。在救治假死羔羊前，应注意将其口鼻周围以及内部的黏液清理干净。

三、羔羊断脐

羔羊出生后，一般都是自行扯断脐带，等其扯断后再用5%碘酊消毒。如果羔羊不能自己扯断脐带时，护理人员可先用手将脐带中的血向羔羊脐部顺捋几下，再在距离羔羊腹部 3～4cm 的适当部位断开，并进行消毒（图5-3）。

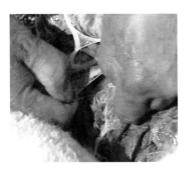

图 5-3　羔羊断脐

四、羔羊尽早吃初乳

　　母羊产后一周内所产乳汁称作初乳，初乳对初生的羊羔十分重要，是羊羔一段时间内免疫的来源，初乳中含有大量的营养物质和抗体，能够迅速提高羊羔身体素质。羊羔过于虚弱时，需要人工饲喂，将初乳挤出再喂给羊羔。

　　母羊产后 1h 内分泌的初乳中干物质含量可达 27% 以上。蛋白质含量为 17%~23%，是常乳的 3 倍；脂肪含量为 9%~16%，是常乳的 2 倍多；初乳中氨基酸的含量较为丰富，必需氨基酸含量是常乳的 3~4 倍；维生素种类齐全，数量充足，其中维生素 A 的含量是常乳的 10 倍，维生素 D 的含量是常乳的 100 倍；此外，初乳中的矿物质含量也极为丰富。初乳中含有高浓度的多种激素和生长因子，如表皮生长因子等，它可以刺激胃肠组织生长，还可调控肠细胞分化。

　　初生羔羊胃肠壁尚无黏膜，由于初乳较为黏稠，它可以通过附着在肠胃壁上的形式发挥黏膜的功能，阻止有害细菌入侵机体；初乳中还含有一定的抗原凝集素，可抵抗特殊品系的大肠杆菌；初乳中免疫球蛋白的含量较为丰富，羔羊通过吮吸初乳，可增强自身的免疫力，因而初乳对羔羊的健康起到积极的保护作用；初乳中含有一定量的镁盐，具有轻泻的作用，可以清除羔羊肠道有害物质和促进胎粪的排出。

初乳虽好，但是初乳中的各种成分并非一成不变的，有研究显示，母羊分娩后 2h 分泌的初乳中，干物质、蛋白质和乳糖的含量分别为 28.45%、12.22% 和 3.31%。到产后 24h，干物质和蛋白质则分别降到 19.23% 和 7.65%，而乳糖则升高至 4.08%。所以，为保证羔羊的健康成长，应在羔羊出生后 1 日内，确保双羔和弱羔都能吃到奶（图 5-4）。

图 5-4　羔羊吃初乳

五、羔羊护理

羔羊产出后,首先把其口腔、鼻腔里的黏液掏出擦净,以免其因呼吸困难、吞咽羊水而引起窒息或异物性肺炎。羔羊身上的黏液,最好让母羊舔净(图5-5),这样对母羊认羔有好处;通过母羊与羊羔的接触,可加强羊羔的血液循环,提高羊羔自身免疫力,增强其对疾病的抵抗力。如母羊恋羔性弱时,可将胎儿身上的黏液涂在母羊嘴上,引诱它舔净羔羊身上的黏液。

图5-5　母羊舔净羔羊身上的黏液

如果母羊不舔羔羊或天气寒冷时，可用柔软干草迅速把羔羊擦干，以免受凉。

初生羔羊调节体温能力差，对外界环境温度变化非常敏感，尤其是我国北方必须做好冬羔和早春羔的保温防寒工作。

羔羊出生一周后，易患痢疾，羔羊痢疾是一种急性肠道传染病，有剧烈腹泻及神经症状，死亡率高，应采取综合防治措施。在羔羊出生后 12 h 内开始喂服土霉素，每只每次 0.15 ~ 0.2 g，每日一次，连喂 3 日，可起到预防效果。对羔羊要及时观察，做到有病及时发现、及时处理。对患病羔羊，可用大蒜头 20 ~ 25 g，剥皮洗净并捣烂，用水灌服，每日两次，连灌 3 日；或用干杨树花 15 g，煎汁 15 mL（一次口服量），日服 1 ~ 2 次。

六、羔羊人工辅助哺乳

母羊分娩后，由于饲养管理不当或疾病、产羔较多等原因，导致母羊无乳或羔羊较多，母羊奶水不足，需要对羔羊进行人工辅助哺乳。羔羊人工辅助哺乳有两种方法。一是找产期较近，奶水较好的产羔母羊作为保姆羊。可将保姆羊的尿液或者奶水涂抹到羔羊的身躯，使保姆羊误以为是自己的羔羊，或者采取强制措施使保姆羊哺乳羔羊 3～5d，一般可以人工辅助哺乳成功。二是人工饲喂（图5-6）。如果找不到产期较近的母羊，就需要人工饲喂。人工饲喂一般采用牛奶、羊奶等。采用牛奶、羊奶饲喂羊时，最好用新鲜奶。如采用人工乳喂羔羊时，先用适量温水把奶粉溶解，然后再加热水，奶粉浓度根据羔羊日龄来确定，日龄较小的羔羊奶粉浓度适当大些。

人工哺乳羔羊应注意以下事项：一是定人，定人可以掌握羔羊的生活习性，吃奶程度、奶温、喂量等；二是定温，人工哺乳的奶的温度一般在35～41℃之间，夏季可稍低，奶温过高，会伤害羔羊黏膜组织，容易

图 5-6　人工哺乳羔羊

发生便秘，温度过低，易发生消化不良、腹泻、胀气等；三是定量，每次喂量以羔羊能吃七分饱为宜；四是定时，羔羊喂奶时间要固定，初生羔羊每天喂 6 次，10d 以后每天可喂 4 ～ 5 次；五是清洁卫生，饲养员饲喂前要洗净双手，不接触病羊，奶瓶每次用完要及时清洗、定期消毒，否则羔羊易患消化道疾病。

七、羔羊早期补饲

　　羔羊断奶体重的大小直接关系到以后的生长发育和健康程度，也是衡量规模化羊场技术水平和经济效益高低的重要参数。初生羔羊瘤胃体积很小，瘤胃微生物区系尚未形成。为了促进其瘤胃功能的早期形成，羔羊 10 日龄就可以开始训练其采食开食料，早期补饲（图 5-7）可以促使瘤胃微生物区系较早完善，前胃功能调节能力不断增强，从而使羔羊能够达到早期断奶，

图 5-7　羔羊早期补饲

早期断奶使羔羊尽早适应植物性固体饲料，有利于断奶后的生长发育，提高生长速度和存活率，同时促进母羊提早发情，缩短繁殖周期。

一般情况下，对羔羊进行补饲时应将其与母羊分开。具体的做法为：在母羊圈舍的一头设置补饲栏，以平均每只羔羊 0.5m² 的空间设计补饲栏，栏内设置有草架、饲槽、水槽。补饲栏进口宽 20～25cm，高 40～50cm，从而达到母羔分开的目的。

补饲才开始时，由于羔羊贪恋母乳，对开食料的采食兴趣较小。为避免浪费，在前期补饲时，可在料槽内放置少量的开食料。当天剩余的开食料，必须在晚上清理干净，不可重复使用。待羔羊逐渐适应开食料后，可每天在早上和晚上分两次对其投放开食料，投料量以羔羊能在 20～30min 内吃完为准。除定时补饲开食料外，草架内要放置苜蓿等优质干草，让羔羊自由采食。对双羔的补饲应加倍重视。

八、羔羊编号

为了做好羊育种工作和识别羊只，就必须对公母羊进行编号（图5-8），这对准确实施配种计划和适时淘汰羊只是非常重要的。目前常用的编号方法为插耳标法。用铝或塑料制成圆形或长方形的耳标。耳标应插在羊左耳中下部，用耳号钳打孔时，要避开血管密集区，打孔部位要用碘酒充分消毒。

耳标用以记载羊的个体号、品种符号及出生年月等。通常第一和第二个数字代表年份，第三个和第四个数字代表月份，后面的数字代表个体序号，中间的"0"的多少应根据羊群的大小来决定。在种羊场，一般公羊的编号为单号，母羊的编号为双号。

例如：耳标编号181200031，前面的1812代表2018年12月生的，后面的00031即为个体号，为公羊编号。个体号每年由1或2编起。

在耳标背面编品种号，如中国美利奴羊用"M"代表。

(a)

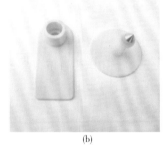

(b)

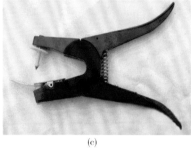

(c)

图 5-8 羔羊编号

九、羔羊断尾

羔羊断尾（图5-9）仅针对长瘦尾型的绵羊和肥尾羊品种而言的。长瘦尾型绵羊如纯种细毛羊、半细毛羊及其杂种羊。

（1）**断尾的目的** 羊尾巴瘦、细长，容易沾染粪便，断尾可防止其污染羊毛；肥尾羊尾巴硕大，不但影响配种，也造成行动不便，因此需断尾；此外，对于一些肥尾羊进行断尾，可减少尾部脂肪的沉积，促进机体皮下脂肪及肌间脂肪含量重新分配，有利于羊只育肥、提高羊肉品质和减少羊肉膻味。因此，最好对羔羊实施断尾。

（2）**断尾时间** 生产实践中，对长瘦尾型的绵羊，断尾在羔羊出生后7～10d时进行；对肥尾羊而言，选择羔羊出生后，母羊舔干羔羊身上的黏液，并确保吃初乳后，大约2～3d进行。断尾时应选择在晴天的早晨。阴天断尾易感染，盛夏断尾易招苍蝇，所以尽量避免在这两种情况下对羔羊进行断尾。

（3）**断尾的部位** 断尾处大约离尾根4cm左右，

(a)

(b)　　　　　　　　(c)

图 5-9　羔羊断尾

约在第 3 ~ 4 尾椎之间，母羔以盖住外阴部为宜。

（4）断尾方法

① 结扎法：用弹性强的橡皮圈，如自行车内胎等，剪成直径 0.5 ~ 1cm 的胶圈，在羊第 3 和第 4 尾椎骨中间，用手将此处皮肤向尾上端推后，即可用胶圈缠紧。此后羔羊尾部开始萎缩，经 10d 左右的时间自然脱落（无需剪割，以防感染破伤风）。用此法进行断尾的羔羊，起初会有一定的不适感，站卧不安，但此种焦躁不安

的反应会在几日后逐渐消失。

此法简单易行，不流血、愈合快、效果好，是实际生产中常用的羔羊断尾方法。

②快刀法：先用细绳扎紧尾部，断绝血液流通，然后用快刀在离羔羊尾根 4～5cm 处切断；伤口用纱布、棉花包扎，以防引起感染或冻伤；当天下午将尾根部的细绳解开，使血液流通。一般经过 7～10d，伤口就会愈合。

③热断法：此法常用工具为断尾铲或断尾钳子。用断尾铲进行断尾时，首先要准备两块约 20cm 见方的木板。一块木板的下方挖一个半月形的缺口，木板的两面钉上铁皮；另一块木板两面钉上铁皮即可。操作时，一人把羊固定好，两手分别握住羔羊的四肢，把羔羊的背贴在固定人的胸前，让羔羊蹲坐在木板上。操作者用带有半月形缺口的木板，在尾根第 3 和第 4 尾椎骨中间，把尾巴紧紧地压住。用灼热的断尾铲紧贴木板稍用力下压，切的速度不宜过快，若有出血可用热铲在出血部位按压一下，然后用碘酒消毒即可。

注意事项：①纯种短脂尾羊不建议断尾，否则易影响产奶量和乳脂；②大多数以短脂尾羊为母本的杂种一代羊，其前两个尾椎较宽，建议在公羔的第 3 尾椎、母羔的第 4 尾椎处进行断尾手术；③用结扎法进行断尾时，断尾胶圈最好采用进口胶圈，断尾时要选准尾椎连接缝处，尾巴外皮要向上撸一点，这样有利于断尾后皮肤对伤口的覆盖，益于愈合；④在断尾前对羊舍及待断尾羊进行消毒，断尾时最好不要用碘酊等进行消毒，以防橡胶圈的韧性和弹性降低；⑤对于用结扎法进行断尾的羔羊，在尾巴掉落后要及时清理断尾和胶圈，对羊舍和羊进行消毒处理，对于断尾处有明显的出血痕迹的羊只要及时涂抹碘酊等消毒药水；⑥对于蚊蝇活动比较猖獗的地区，为防止蚊蝇将卵产在发情母羊阴道里，或对母羊外阴进行叮咬等，最好保证断尾后的尾巴可以将外阴覆盖；⑦断尾不宜过短，否则会导致羔羊发生脱肛等疾病。

十、羔羊去势

凡不作为种用的公羊（包括公羔），一般都应去势。去势的羊称为羯羊，公羔去势最好在出生后 2～3 周时进行，常用的去势方法有以下几种。

1. 手术法

（1）**去势的优点**　对不作种用的公羊都应去势，以防乱交、乱配。去势后的公羊性情温顺，管理方便，节省饲料，容易育肥，所产羊肉无膻味，且较细嫩。

（2）**去势方法**　手术法去势时，由一人固定住羔羊的四肢，并使羔羊的腹部向外，另一人将羔羊阴囊上的毛剪掉，再在阴囊下 1/3 处涂上碘酒消毒，然后用消毒过的手术刀将阴囊下部切除一段，将睾丸挤出，慢慢拉断血管和精索，伤口处涂上消毒药物即可（图5-10）。

（3）**注意事项**　去势 1～2 天之后应进行检查，如阴囊收缩，则为正常；如阴囊肿胀发炎，可挤出其中

图 5-10　手术法去势

血水，再涂抹消毒药水和消炎粉，以防进一步感染造成羊只损失。

2. 结扎法

（1）**去势时间**　在羔羊出生后 7～10d 时的晴天上午进行。

（2）**去势方法**　采用结扎法去势时，先将睾丸挤到阴囊的下部，然后用橡皮筋或细绳将阴囊的上部紧紧扎住，以阻断血液流通。经过 10～15d，其睾丸及阴囊便自行萎缩脱落。此法简单易行、无出血、无感染（图5-11）。

（3）**注意事项**　结扎法去势后 1～3d 之内，应进行检查，如发现有化脓、流血等情况要进行及时处理，以防进一步感染造成羊只损失。

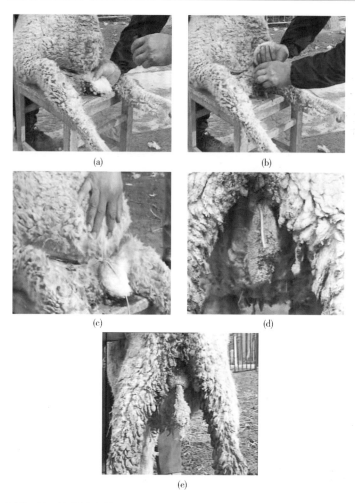

图 5-11　结扎法去势

3. 去势钳法

（1）**去势时间**　在公羔羊一至三月龄对其用此法进行去势，手术的成功率高，动物应激程度低。一月龄内的羔羊，睾丸小，精索短，不便去势；三月龄以上的大羔羊，精索较粗，易造成内出血，愈合较慢，增加羔羊的疼痛，影响羊的生长发育。

（2）**去势方法**　去势前对动物进行保定（常采用右侧卧式），然后进行局部处理，清洗并涂以碘酊最后酒精脱碘，手术时选择合适站位，由助手辅助固定公畜睾丸和精索，利用去势钳夹住一侧精索，施力均匀、快速，当听到清脆的断裂声即说明精索被夹断，对侧精索同法夹断。为了确保去势手术的成功，应用此法进行动物去势时常进行二次夹断，即在第一次夹断部位的下方约 2~3cm 处再夹一次。

（3）**此法优点**　操作简便、安全性好，操作者通常不需要具备非常专业的知识；此法无切口，去势羔羊无失血、感染危险，所以术后护理简单，有助于避免二次感染等并发症。

（4）**此法缺点**　此方法需富经验者方可完成，无经验者常不能把精索夹断，从而导致羔羊去势失败。

4. 化学去势法

（1）**去势方法** 利用注射器将羊专用去势药液注入公羊睾丸，在不损害机体的情况下，使公羊睾丸组织变性、坏死，从而失去生精和分泌激素的能力，达到去势目的。

（2）**此法优点** 该方法可在不同的温度、季节、环境下使用，同时也不必考虑动物是否处于发情期，操作简便。该方法的理想成功率可达 99%，同时感染和死亡率极低，毒副作用较小，不会造成羊只出血，对羊应激也较小。

（3）**此法缺点** 公羊的化学去势需要借助注射器将药液注入睾丸中，在注射时如果针头选用不当，常发生注射药液不能充满整个睾丸，导致出现去势不完全的现象，部分睾丸组织仍可能发挥正常作用。

第六章

羊的生产管理

一、分群饲养

对羊只进行适时合理的分群（图6-1），是提高养殖场管理效率，以最小的投入来获取最大的经济利益，实现发家致富的有效手段。有报道称：合理的分群能够防止体质好的羊吃得太多，体质差的羊吃得非常少，有病的羊不够吃等现象；及时将健康的与患病的羊分开饲养，以免疾病传染蔓延，与此同时，能够更好地

图6-1　分群饲养

为病羊进行治疗；避免杂交滥配，可以有计划地进行选配，提高羊只质量；为病羊、弱羊的饲养创造良好条件，改善它们的体质；羊长膘快，且羊群个体十分匀称，无明显差异；大大提高了饲料的利用率。

具体做法如下。

① 从羊群的实际情况出发，构建相应的种群结构，并按照羊的品种、大小等分群饲养。一般情况下，商品羊圈羊群 10~15 只/群最合适，羊圈舍面积为 0.8~1.2m²/只，并做好消毒处理，以此保证羊群有一个良好的生产环境。

② 羊的年龄、体质等不同，所需的饲养条件也存在一定的差异性，因此，养殖者应该根据各羊群的实际情况合理配制饲料。

③ 每天要给予羊群足够的时间进行舍外活动，促进新陈代谢，使羊群能够健康生长。

④ 因为羊是反刍动物，其饲养密度要合理，1d 中要有足够的时间来采食与反刍。因此，羊舍中的槽位与活动空间要控制好，每只羊尽量保证 1.5~2.5m² 的活动区域。

⑤ 需要保证羊群有足够的清洁饮水 2~3 次/d。

⑥ 换料必须要有过渡期，调换饲料种类、改变日粮组成时应该在 3d 左右的时间内完成，变换的时间不能太快，更不能喂食一些发霉变质的饲料。值得注意的是，孕羊在孕后期时养殖者必须要引起重视，必须

要单独饲喂，避免流产，并对这类羊进行定期观察，做好接产准备工作。由于母羊产羔后体质状况较差，养殖者更应该加大管理力度，将母羊放置到温暖的舍内来饲养，保持舍内干净、通风。

二、绵羊剪毛

（1）**剪毛次数** 细毛羊、半细毛羊及其生产同质毛的杂种羊，一年内仅在春季剪毛一次。粗毛羊和生产异质毛的杂种羊，可在春、秋季节各剪毛一次。

（2）**剪毛时间** 具体时间依当地气候变化而定。过早和过迟对羊体都不利，过早则羊体易遭受冻害，过迟即阻碍羊体散发热量而影响羊只放牧抓膘，又会出现羊毛自行脱落而造成经济损失。因此，春季剪毛，应在气候变暖并趋于稳定时进行。我国西北牧区春季剪毛，一般在5月下旬至6月上旬，青藏高寒牧区在6月下旬至7月上旬，农区在4月中旬至5月上旬。秋季剪毛多在9月份进行。

（3）**剪毛方法** 分为手工剪毛［图6-2（a）］和机械剪毛［图6-2（b）］。手工剪毛使用特制剪毛剪进行剪毛，该方法效率低，较为耗费劳力，适合散养户和小规模养殖者；机械剪毛使用专用的剪毛机进行剪毛，该方法效率高，所剪羊毛质量较手工剪毛好，适合规模化养殖场。

(a) 手工剪毛

(b) 机械剪毛

图 6-2 绵羊剪毛

剪毛注意事项如下。

① 剪毛前必须确定剪毛人和待剪羊只都注射了布鲁氏杆菌疫苗，以防发生感染。

② 剪毛前 3 ~ 5d，对剪毛场所进行认真消毒和清扫，在露天场地剪毛应该选择地势高、干燥的地方，并铺上席子，以免弄脏羊毛。

③ 组织待剪羊群应遵循先细毛羊再粗毛羊，以及后备羊—生产母羊—种公羊—低级羊的顺序，患有疥癣、痘疹的病羊留在最后剪，以免感染其他健康羊只。

④ 剪毛前对羊只进行最少 12h 的空腹处理，以免剪毛过程中羊毛被粪尿所沾污或翻转羊体时造成肠扭转。

⑤ 羊只剪毛过程中要让羊只垂直翻身，避免水平

翻身时造成羊只的肠扭转等意外的发生。

⑥ 羊只剪毛前应根据毛品质不同初步分群，不同品种的羊原则上不允许同时在一个剪毛场混群剪毛。或将不同品种的羊进行分阶段剪毛。

⑦ 剪毛前 2～3h 应先将所有羊只聚集在一块儿，通过彼此的接触使羊体油汗溶化，便于剪毛；雨雪天和羊毛被淋湿的羊只不能进行剪毛。

⑧ 剪毛后应做好羊只的保暖措施，防止剪毛后突然遇到降温、降雪天气而造成损失。

⑨ 剪毛后注意控制羊只的饲喂量，避免羊只在禁食后采食过量，从而引起消化道方面的疾病的发生。

三、山羊梳绒

山羊绒是毛纺原料中特种纤维品种之一。山羊绒细而柔软，光泽良好，保暖性强，可用于制造各种轻、柔、美、软、薄、暖的针织品和纺织品，如羊绒衫、羊绒大衣、围巾、手套、绒帽、披肩等。山羊绒制成的产品，表面光滑，弹性好，手感柔软滑润，是最细的绵羊毛也不能取代的。山羊绒有白绒、青绒和紫绒三类，其中白绒最珍贵。山羊绒的价格相当于细绵羊毛的数倍，因而被称为"软黄金"，是我国传统的出口纺织原料之一。发展绒山羊业是广大农（牧）民发家致富的有效途径。

（1）**梳绒时间** 山羊梳绒（图6-3）的时间依各地的气候条件而异。春季气候转暖，山羊绒纤维开始脱落。脱绒的顺序是从头部开始，逐渐向颈、肩、背、腰和股部推移。当发现山羊头部绒纤维脱落，便是开始梳绒的时间。梳绒应间隔10d左右，分两次进行。

（2）**梳绒方法** 梳绒时，梳左侧时捆住两右肢，梳右侧时捆住两左肢，将羊卧倒。若站立梳绒时，将

(a)   (b)

图6-3　山羊梳绒（a）和梳绒工具（b）

羊头拴在木桩上，用两腿挟住羊体，轻轻用梳子梳绒。梳绒时，先用稀梳顺毛方向梳去草屑和粪块等污物，再用密梳从股、腰、胸、肩到颈部，依次反复顺毛梳理，最后逆毛梳理直到将脱落的绒纤维梳净为止。

（3）注意事项　梳绒前12h停止放牧（或喂料）和供饮水；梳绒动作要轻，以防抓破皮肤；若梳绒和剪毛同时进行，则梳绒和剪毛地点要分开，先梳绒，后剪毛，以免绒、毛混杂；对怀孕母羊，要特别细心，避免造成流产；一般是成年羊先梳，育成羊后梳；健康羊只与患有皮肤病的羊只分开梳，健康羊先梳，病羊后梳；白色山羊和有色山羊应分开梳，先梳白色羊，后梳有色羊；羊梳绒后，要特别注意气候变化，防止羊只感冒。

四、修蹄

　　羊的蹄甲也和其他器官一样，不断地生长发育。特别是舍饲羊和半舍饲羊，由于其活动范围及活动量较放牧羊小，其蹄甲的磨损较少，导致舍饲羊和半舍饲羊的蹄甲生长速度过快。过长的蹄甲不仅对羊无用，反而使羊行走困难，影响羊只采食，对其生长发育和健康极为不利。如果蹄甲长期不修，还会引起腐蹄病、四肢变形等疾病。对于种公羊，过长的蹄甲可直接影响其配种，使其失去配种价值；蹄甲过长的妊娠羊由于行走不便，常呈躺卧姿势，这不仅会影响到母羊的采食，而且还会影响到母羊体内胎儿的正常生长发育。因此需定期给羊进行修蹄（图6-4）。

　　（1）修蹄时间　一般以放牧方式饲养的羊群每年春季进行一次修蹄即可；舍饲和半舍饲条件下饲养的羊群尽量1~2个月需修蹄一次，以保证羊群体型的端正；修蹄工作一般在雨后进行，或者在给羊只修蹄前用清水浸泡羊蹄，此时蹄质变软容易修理。

　　（2）修蹄工具　修蹄工具可用修蹄刀、果树剪。

图6-4　修蹄

（3）**修蹄方法**　用修蹄工具将蹄部多余的部分修除，使修理后的蹄，底部平整，形状方圆，羊站立自然。

（4）**注意事项**　修蹄时，每次不可削得太多，当看到蹄底淡红色时，要特别小心，以避免出血；若遇有轻微出血，可涂以碘酒，若出血较多，可用烙铁烧烙止血，但应注意不要引起烫伤；已严重变形的蹄，需经几次修理才能矫正。

五、药浴

　　由于羊的生物学特性和生活环境导致羊特别容易感染体外寄生虫病。疥癣是常见的羊体外寄生虫病，该病具有高度传染性。羊只一旦感染此病，其皮毛质量受损，日增重下降，从而造成羊只生产性能的降低，不利于养殖者获得理想的经济效益。实际生产中，规模化养殖场虽注重定期对羊只进行体内驱虫，然而却对体外寄生虫的防治缺乏足够的重视。所以，一旦羊只患疥癣等具有强传染性体外寄生虫病时，常使规模化的养殖场遭受巨大的经济损失。因此，规模化养殖场需制定严格的体外驱虫计划，特别是对细毛羊、半细毛羊（不论是纯种羊或杂种羊），都必须在剪毛后对其进行体外驱虫操作——药浴，从而达到消灭羊螨等体外寄生虫的目的。羊的药浴主要有以下三种方式。

1. 池浴

　　池浴的方法及药浴池的构造见图 6-5。

(a) 池浴方法

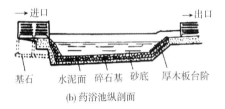

→进口　　　　　　　　　→出口

基石　　水泥面　碎石基　砂底　　厚木板台阶

(b) 药浴池纵剖面

80 cm

50 cm

(c) 药浴池横剖面

图6-5　池浴方法及药浴池的构造

（1）**药浴的目的**　预防和治疗羊体外寄生虫，提高羊毛品质。

（2）**药浴的时间**　在有疥癣病发生的地区，对羊只一年可进行两次药浴：一次是治疗性药浴，在春季剪毛后 7 ~ 10d 内进行；另一次是预防性药浴，在夏末秋初进行。每一次药浴最好间隔 7d 重复一遍。冬季对发病羊只，可选择暖和天气进行擦浴。

（3）**药浴池的要求**　似狭长而深的水沟。长 10 ~

12m，池顶宽 60 ~ 80cm，池底宽 40 ~ 60cm，以羊能通过而不能转身为准，深 1.0 ~ 1.2m。入口处设漏斗形围栏，使羊依顺序进入药浴池。浴池入口呈陡坡，羊走入时可迅速没入池中，出口有一定倾斜坡度，斜坡上有小台阶或横木条，其作用一是不使羊滑倒，二是羊在斜坡上停留一些时间，使身上余存的药液流回浴池。药液应浸满全身，尤其头部，采用槽浴可用浴杈将羊头部压入药液内两次，但需注意羊只不得呛水，以免引起中毒。

2. 喷淋药浴

定期药浴是绵羊饲养管理的重要环节。

（1）喷淋药浴装置（图6-6） 采用固定架、顶架、底板和壁板，上下均安装有塑料喷管及喷头，底部有塑料接水槽，以存放循环药水。

（2）喷淋药浴的优点 该药浴设备占地少，安装、拆卸方便，运输移动也方便；效率高，2 ~ 3min 使羊完全浸湿；减少劳动力，2 ~ 3 人可完成洗羊工作；可循环过滤药水，有效节约药和水，能有效避免牲畜摔伤、呛伤等现象的发生。

（3）喷淋药浴的缺点 目前，国内外都在推广喷淋药浴，但设备投资较高，国内中、小型羊场和农户，短时间还难以采用。

图6-6 喷淋药浴装置

3. 盆浴

（1）**盆浴装置** 用木桶或水缸等，先按要求配置好浴液。药浴时，最好由两人共同完成，一人负责固定羊的前肢，另一人负责固定羊的后肢，使羊保持腹部向上的状态。然后将整个羊体（除头部外）浸泡在药液中 2～3min，最后将羊头部急速浸 2～3 次，每次 1～2s 即可。

（2）**盆浴优点** 盆浴装置简单易得，装置资金投入小，不需要占用较大的场地，操作技术简单易学。

（3）**盆浴缺点** 此法较为耗费体力，仅适合小型养殖场或者散养户使用；此外，在对羊只头部进行急速浸时，药液极易经口鼻进入羊只体内，引起羊只中毒；

由于人距消毒液距离较近，以及羊只在浸泡结束后常甩动身体，极易将药液甩到操作人员的身上，增加工作人员中毒的概率。

常用药浴药物如下。

（1）**敌百虫** 纯敌百虫粉1kg加水200kg，配制成0.5%的敌百虫药浴液使用。

（2）**30%烯虫磷乳油** 药浴时按1：1500倍稀释，即1kg药液加水1500kg。

（3）**20%速灭杀丁乳油** 药浴时按1：1000倍稀释，即1mL的速灭杀丁乳油加水1kg。

（4）**50%辛硫磷乳油** 是一种低毒高效药浴药剂，配制方法是，100kg水加50g辛硫磷乳油，有效浓度0.05%。

（5）**石硫合剂** 药剂安全有效而且价廉。其配方为：生石灰7.5kg，硫黄粉末12.5kg。将这两种原料用水拌成糊状，再加水150kg煮沸，边煮边用木棒搅拌，待呈浓茶色时为止。煮沸过程中蒸发掉的水分要补足，然后倒入木桶或水缸中，待其沉淀澄清后，弃去下面的沉渣，保留上面的清液作母液，加入500kg温水即可。

药浴注意事项如下。

① 药浴时间应选择晴朗无风的上午。

② 药浴前对羊进行检查，病羊、身上有伤口及妊娠2个月以上的羊不能进行药浴。

③ 药浴前 8h 应停止放牧和饲喂，入浴前 2～3h 让羊饮足水，以防羊口渴误饮药液。

④ 为防止羊中毒，大群羊药浴时，先用体质较差的 2～3 只羊进行试浴，确定药液安全后，再按计划组织药浴。对出现中毒症状的羊只，应及时解毒抢救。

⑤ 公羊、母羊和大羔羊要分别入浴，以免相互碰撞而发生意外。羊在药浴池中停留 3～4min，浴中用压扶杆将羊头压入药液中 2～3 次，使其周身都受到药液浸泡。工作人员应随时捞除池内粪便污物，保持药液清洁。

⑥ 羊只药浴后，应在滴流台上停留 10～15min，使羊身上多余药液从滴流台上流回药浴池，以节省药液。而后把羊赶入棚舍或蔽荫之处休息阴干，严防日光直射引起药物中毒及冷风吹袭感冒。同时，也禁止羊在密集、高温、不通风的场所停留，以免吸入药物中毒。应待羊全身干燥后再出牧或喂饲，以免羊只吃入混有药液的草料发生中毒。

⑦ 哺乳母羊在药浴后 2h 内不得与羔羊合群，防止羔羊在吮吸母乳时，将乳头上的药物食入体内而发生中毒。

⑧ 浴后要注意观察，羔羊因毛较长，药液在毛丛中存留时间长，药浴后 2～3d 仍可发生中毒现象。发现羊中毒时要立即抢救。

⑨ 为避免参加药浴操作人员发生中毒，所有参与

人员应戴口罩和乳胶手套，做好自身防护。

⑩ 药浴结束后，药液不可随意倾倒，应清出深埋，以防动物因误食而发生中毒。

看·图·轻·松·学·养·羊

六、羊异食癖

1. 异食癖概念

异食癖（图6-7）是指由于环境、营养、内分泌、生理和遗传等多种因素引起的以舔食、啃咬通常认为无营养价值而不应该采食的异物为特征的一种复杂的

图6-7　羊异食癖

多种疾病的综合征。各种畜禽都可发生，且多发生于春冬季节舍饲的动物，严重地影响了畜禽的生产性能及健康水平。

2. 发生异食癖的原因

引起羊只发生异食癖的原因较多，但大致可以归纳为以下几个方面。

（1）**营养因素** 日粮中矿物质缺乏或矿物质元素之间配置比例不合理，导致羊只体内某种矿物质的缺乏，或因矿物质比例不均衡从而引起相关矿物质的需求量的改变。

（2）**疾病因素** 羊只患某些疾病，如慢性消化不良、软骨病、寄生虫病或佝偻病等都可引起羊只异食癖的发生。这些疾病自身可能无法直接诱使羊只发病，但这些疾病的发生可对机体造成一定的应激作用，最终引起羊只异食癖的发生。

（3）**行为和环境因素** 如羊只长时间缺乏足够的日粮，由于饥饿，羊只会产生到处啃嚼的行为，时间过长就易发生异食癖；当运动场和羊舍空间过度拥挤，羊舍内毛发、塑料、草绳以及其他非饲料源可吞咽物质过多，加之饲喂粗饲料过于单一，极易导致异食癖的发生。

（4）**季节因素** 在春季和冬季，由于青绿饲料较少，羊异食癖的发生概率较其他季节高；尤其是羊只仅饲喂单一秸秆类粗饲料时，其异食癖的发生概率就更加高；由于羊只在体内储存的营养在春季和冬季的消耗较其他季节的大，如果其无法从日粮中摄取足够的营养物质，就会因为营养缺乏而产生该病。

3. 异食癖症状

患有异食癖的羊只，首先出现消化不良、食欲减退、精神沉郁、被毛粗乱无光泽；接着出现味觉异常，异食，患畜喜食羊只被毛或被粪尿污染的饲草料。而散养时，患羊喜食墙土，吞食骨块、瓦砾、木片、粪便、破布、煤渣等；随后患羊开始表现为毛焦瘦弱，鼻镜干燥，身体消瘦，行动迟缓和毛无光泽，有时下痢和便秘交替出现。最终，患病羊因营养衰竭或消化道蓄积异物引起肠道梗阻或穿孔而死亡。

羊异食癖的防控措施如下。

（1）**营养均衡**　在保证羊只每日所需能量充足的前提下，补充日常所需的蛋白质、微量元素、矿物质和一些维生素；配制日粮时尽可能多地选用多种原料，避免日粮原料单一；确保营养物质和能量充沛同时，保证羊只日常饮水的及时供给，不要让它有缺水感；在冬季和春季这两个异食癖高发季节，在饲喂青贮饲料和质量好的青干草的同时，还可加喂一些谷芽、麦芽等富含维生素的饲料。

（2）**改善饲养环境**　定时清理羊舍、运动场及放牧地内的塑料、绳头、木片和铁钉等杂物，避免羊只误食，进而造成羊养成喜吞食异物的不良习惯；合理安排饲养密度，保持羊舍的干燥，给羊只营造一个适宜的饲养环境。

（3）**加强特殊群体管理**　加强对妊娠母羊的管理，满足其营养需要，保证胎儿正常生长发育；尤其是妊娠后期的母羊，由于体内胎儿生长迅速，所需营养物质量增多，除了补充足量的青粗饲料外，更要注意补充精料；羔羊出生后，应尽早给羔羊哺喂足够量的初乳；提高母羊奶水品质与强化羔羊饲养管理相结合，一方面对哺乳母羊加强喂养，另一方面对哺乳羔羊提早训练采食，以避免羔羊因哺乳不足而导致营养缺乏，进而诱发异食癖；同时在补喂羔羊精料时，应适当增加骨粉、微量元素等的含量；还应对羔羊进行适当放牧，使其勤晒太阳。

（4）**驱虫**　有计划地对养殖场内的羊只进行体内和体外计划性驱虫，防止羊只因寄生虫而诱发异食癖；对有寄生虫病史的羊群，要加强驱虫管理。

七、驱虫

羊寄生虫包括体内和体外寄生虫。

羊的寄生虫病制约着养羊生产的发展。患有体内外寄生虫病的羊只，重者日趋消瘦，甚至造成死亡；轻者也因羊体营养被消耗呈现不同程度的消瘦，导致幼龄羊生长发育受阻，成年羊繁殖力下降，羊毛和羊肉产量降低，羊皮品质受损。因此，务必重视羊体内外寄生虫病的防治。

（1）**驱虫方法**　口服、注射（图6-8）和药浴。

（2）**驱虫时间**　在有寄生虫感染的地区，每年春、秋季节进行预防性驱虫两次。断奶以后的羔羊也应驱虫。体内驱虫第一次是在春季成虫期前进行，第二次是在冬季感染后期进行（羊绦虫在虫体成熟前驱虫，羊消化道线虫在幼虫感染高峰期时进行，而羊狂蝇蛆应在幼虫滞育前驱虫）。羊一年进行春秋两次药浴，第一次在春季剪毛后7~10d进行，第二次在深秋进行。视各地实际情况每年只进行一次药浴也可，此时所有羊只必须进行秋季药浴。

图6-8　注射驱虫

（3）综合防治原则

① 有计划地实行划区轮牧制度，保护草场和减少寄生虫感染；采取不同畜种间轮牧，减少寄生虫的交叉感染；对于污染牧场，特别是潮湿和森林牧场，草场休牧时间一般不少于18个月，以利于净化。

② 幼畜和成年畜应分开饲养，以减少感染机会；病羊应及时隔离治疗，严禁混群饲养以防感染传播。

③ 定时对圈舍墙壁、地面、围栏、饲具及其周围环境进行消毒；消毒时间与投药、药浴应同步进行，在冬春螨病高发季节，每半月1次；夏季蚊蝇活动频繁时，可采用防蝇剂喷洒羊体和圈舍。

④ 圈舍粪便应及时清除，对粪便进行集中堆积发酵处理利用生物热杀灭各类虫体和虫卵。

⑤ 对于新购入的羊只，经隔离后或经处理后才能与原有的羊只混群饲养。

参考文献

［1］张英杰.羊生产学.北京：中国农业大学出版社，2015.

［2］赵有璋.羊生产学.第三版.北京：中国农业出版社，2013.

［3］郑爱武，魏刚才.实用养羊大全.郑州：河南科学技术出版社，2014.

［4］熊家军，肖峰.高效养羊.北京：机械工业出版社，2018.

［5］王立艳，周玉香，蒋万，等.早期断尾对滩羊羔羊肥育性能及肉品质的影响.畜牧与兽医，2018，50（9）：22-25.

［6］李宇，赵张晗，段春辉，等.去势对小尾寒羊公羔育肥及肉品质的影响.中国畜牧杂志，2018，54（12）:103-108.

［7］伊力哈尔·沙塔尔，吐尔逊古丽·肉孜阿洪，库尔班·木沙，等.中国美利奴（新疆型）不同等级羊剪毛后体重差异的比较分析.新疆畜牧业，2015，（3）:11-14.

［8］崔喜才.羊脱毛异常的原因分析及解决办法.现代畜牧科技，2020，（5）:20-22.

［9］孙晓萍，刘建斌，冯瑞林，等.提高湖羊羔羊甲级羔皮率的试验研究.安徽农业科学，2015，43（4）:83-88.

［10］金海.中国肉羊产业发展实践回顾与战略思考.内蒙古大学学报：自然科学版，2019，50（4）:460-465.

作者简介

周玉香，宁夏大学农学院教授，博士生导师。长期从事反刍动物（羊）生产以及营养与饲料方面的教学、科研和生产服务等工作。主持完成了"舍饲滩羊异食癖发生机理及营养调控技术研究""舍饲滩羊体脂共轭亚油酸合成调控及其机制研究"两项国家自然科学基金项目、"宁夏地区不同农作物秸秆饲料在滩羊日粮中利用技术研究与示范"国家公益性行业（农业）科研专项（子课题），主持完成动物营养国家重点实验室开放课题、宁夏科技攻关等项目的研究。目前在研国家重点研发项目和自治区重点研发项目子课题等的研究。近年来，获自治区科技进步三等奖两项，成果应用登记两项。发表论文100余篇，其中SCI收录论文4篇。授权专利10余项。

多年来，通过"三农"呼叫中心、农民田间学校等平台，为养殖场（户）提供羊健康养殖和饲料加工调制等方面的技术服务，不断为乡村振兴和脱贫攻坚做出贡献。

化学工业出版社养殖类畅销图书

书名：农作物秸秆养羊
书号：978-7-122-33709-2
出版时间：2019 年 4 月
定价：45.00 元

书名：农作物秸秆养牛
书号：978-7-122-31233-4
出版时间：2019 年 4 月
定价：45.00 元

书名：现代高产母猪快速培育新技术
书号：978-7-122-33983-6
出版时间：2019 年 6 月
定价：45.00 元

书名：土鸡生态放养关键技术问答
书号：978-7-122-26530-2
出版时间：2016 年 6 月
定价：25.00 元

书名：中医中药治畜病速查手册
书号：978-7-122-29976-5
出版时间：2017 年 9 月
定价：38.00 元

书名：家畜常见寄生虫病防治手册
书号：978-7-122-30575-6
出版时间：2017 年 11 月
定价：49.80 元

以上图书各实体、网上书店皆有销售，出版社购书服务电话：010-64518888/8899，编辑联系电话 010-64519299，QQ:1259157433。